予約の取れない料理教室 秘密のレシピ

預約不到的料理教室！
美人祕密食譜

美容食物調理師
小小料理教室「Lotta」主人 道乃

程永佳　譯

序

「Lotta」料理教室位於日本鳥取縣西端的米子市。

這是現在女性間蔚為話題的「預約不到的料理教室」。

理由不僅是因為道乃小姐本身是個美人，

就連她的學生們也變得愈來愈漂亮。

這個料理教室的主題是「抗老料理」，

也許大家都聽膩這個詞了吧？

但是，裡面所教的食譜卻是簡單地令人驚訝，

所使用的材料也是一般家庭或超市會有的食材。

「我希望讓大家不用特地到大都市去，

只要待在米子市就可以學到好吃又可以讓自己變美的料理！」

道乃小姐帶著這樣的期許開設了 Lotta。

不只是料理，從道乃小姐的生活態度中也可以看到很多變美的小細節。

我們想讓沒辦法親自來到米子市的大家也能體驗這種魅力，

抱著這種有些多管閒事的想法，出版了這本書。

那麼，請大家把自己當作 Lotta 料理教室的學生，打開通往美麗的大門吧！

Contents

Lotta 食譜的堅持

◎「砂糖」要用甜菜糖、蔗糖；
　不要用白砂糖或三溫糖（請參照 P49）。

◎「豆漿」要用非加工豆漿；
　加工豆漿裡會有砂糖或添加物等。

◎「絞肉」要親手做！
　市面上賣的現成絞肉，脂肪太多（請參照 P13）。

◎「煎、炒」要用橄欖油、芝麻油、菜籽油，
　不可用沙拉油（請參照 P4）。

＊ 食譜中的〔材料〕欄並未寫出煎炒用橄欖油等所需的份
　量。請酌量使用即可。

如何把飯煮得好吃

淘米 3 ～ 4 次。如果把米洗得太乾淨會喪失其風味，所以要
用手溫柔地洗米。米最少要泡在水裡 30 分鐘以上，可以的話
最好泡 1 ～ 5 小時，泡足時間會更好吃。

＊ 1 杯為 200ml，1 大匙為 15ml，1 小匙為 5ml。

＊ 米 1 合約 180cc。煮 1 合米時，約需用水 180ml。

我想告訴大家很多關於「*Lotta*」的事

大家好，我是道乃，一名「美容食物調理師」。

我在一個小小的城鎮——鳥取縣米子市，開設了一間料理教室「Lotta」，

座右銘是「生活在喜歡的東西之中」，

而我喜歡的當然就是料理；

其他還有做料理的空間、室內裝潢、器皿、時尚，

還有人。

我非常喜歡自己居住的城鎮，

從來沒有去別的地方居住過；

很多人都說：「這裡真是太鄉下了！」

即使如此，我還是想在這裡生活，

因為我所愛的一切都在這裡。

該怎麼樣才能讓大家認識我最愛的故鄉呢？

抱著這樣的想法，我開設了料理教室。

我要透過我最愛的「食物」，讓許多人也愛上我的故鄉；

還要透過教大家能夠變美麗的食譜，讓更多女性愛上做料理。

這就是我所能做到的事。

不過，和 Lotta 優秀的學生們一起做料理、

聽她們讚嘆著：「好好吃！」

這時候，也許最樂在其中的是我自己也說不定。

這次我想透過這本食譜，把 Lotta 介紹給日本全國女性。

說到 Lotta 的由來，

就是「很多＝ a lot of」的意思：

　　☆很多的新鮮當季食材

　　☆很多的美味料理

　　☆跟很多的人相遇

還有比什麼都重要的是，希望能看到「很多的笑容」。

Anti-ageing Class

抗老課程

「對身體好的料理＝不好吃」
應該很多人有這種先入為主的觀念吧？
Lotta 的料理是以好吃為重要前提。
在抗老課程中，
1. 說到砂糖，要用的是甜菜糖、蔗糖，而不是白砂糖。
2. 盡量避免使用奶油、生奶油、牛奶等乳製品。
3. 不用沙拉油，而是以橄欖油、芝麻油、菜籽油為主。
以這些法則為基礎，我將教大家充份攝取肉類、
同時也可以美肌及預防老化的食譜。

抗老課程
Lesson 1
用豆渣
變美麗

大家對豆渣的印象是不是乾乾的很難用呢？
但是在 **Lotta** 的豆渣食譜中，
我們會把它用在披薩、鹽味蛋糕、韓式火鍋等料理，
讓它變身成一個充滿流行感的食材。
而且我們用的是生豆渣，也可以提升料理的溼潤感。
讓我們一起成為豆渣美人吧～

關於豆渣

大豆製品所富含的大豆異黃酮具
有和女性荷爾蒙相似的作用，對
於預防更年期症狀與骨質疏鬆症
很有效。Lotta 將為大家介紹不用
事先拌炒、可以直接使用豆渣的
簡單食譜。而且豆渣也可以冷凍，
是一種方便的食材。

搭配自製的青醬汁，
不用發酵、不花功夫的簡單披薩

豆渣披薩拼盤

d.

c.

b.

e.

a.

10

蔬菜青醬汁

〔材料〕

白蘿蔔葉等…1/2 根的量
鹽…1 小匙
橄欖油…100ml～
蒜頭…一大瓣

〔作法〕

① 白蘿蔔葉切成適當長短，以鹽水汆燙後，將水分弄乾。
② 將①與其他材料放入食物調理機打碎，再放入乾淨的瓶子內保存。可以冷凍。
※ 橄欖油的量要視葉子水分的量來調整。

先把這個做起來吧／

point!

用好吃的鹽來做更好。Lotta 是用法國產的岩鹽，再加入松子或橡實，風味更佳。葉片也可用小松菜、菠菜、蕪菁葉等，是一道可完整利用蔬菜的食譜；用大蔥或紫蘇也不錯，且可以不用汆燙。

a. 豆渣脆皮披薩

〔材料〕（3 人份）

A〔生豆渣…50g、高筋麵粉…100g、鹽…2g、
豆漿…70ml、橄欖油…1 大匙〕
蔬菜青醬汁…少許　蕃茄醬…少許　培根…3 片
甜椒、青椒…各 1 個　薄片蘑菇…9 片
低融點起司…適量

〔作法〕

① 將 A 放入揉麵碗，以手充分揉勻。靜置約 30 分鐘後，撒一些麵粉在麵糰上，將麵糰分為 3 等分，以桿麵棍桿成圓形。
② 在長方形淺烤盤鋪上烤盤紙，放上桿好的麵糰，依序鋪上蕃茄醬、青醬醬汁、切成一口大小的培根、甜椒、青椒、薄片蘑菇、起司。
③ 烤箱預熱至 200℃，烤 12 ～ 15 分鐘。

c. 地中海凱薩沙拉

〔材料〕（4 人份）

〈淋醬〉
美乃滋…2 大匙　帕馬森乾酪…2 大匙　優格…2 大匙
鹽、胡椒…各少許　蒜泥…1/4 小匙　橄欖油…1 大匙
伍斯特醬[1]…2 小匙
〈沙拉〉
喜歡的蔬菜、油炸麵包丁、培根、橄欖、溫泉蛋等

〔作法〕

① 先做淋醬。將橄欖油以外的材料全部混起來，然後一點一點慢慢地加入橄欖油。
② 在喜歡的蔬菜上撒上油炸麵包丁、培根、橄欖，再放上溫泉蛋、澆上淋醬。

〈油炸麵包丁作法〉
以橄欖油將麵包丁拌炒至焦黃色。

e. 根莖類普羅旺斯燉菜

〔材料〕（3 人份）

蒜頭…3 瓣　洋蔥…1/2 個
紅蘿蔔…1/2 根　白蘿蔔…1/4 根
櫛瓜…1/2 根　蕃茄罐頭（去皮整顆）…1/2 罐
鹽、胡椒…各少許　培根…2 片

b. 雜糧燉飯佐蔬菜青醬汁

〔材料〕（1 人份）

米…約 1 杯　五穀雜糧…1 大匙
昆布高湯…1 湯勺多一點　培根…1 片　洋蔥…1/5 個
蒜頭…1 瓣　蕃茄汁…100ml　水…100ml
蔬菜青醬汁…1 大匙　鹽、胡椒、起司粉…各少許

〔作法〕

① 將切碎的蒜頭、洋蔥、培根放入鍋中，以橄欖油拌炒。
② 加入白米、五穀雜糧、高湯，以小火煮 15 分鐘。
③ 加入青醬汁、蕃茄汁、水、鹽、胡椒，煮至水分收乾。
④ 最後撒上起司粉。

d. 豆漿燉蕈菇

〔材料〕（3 人份）

雞肉…1 片　豆漿…1 杯　蓮藕…100g
白蘿蔔…1/5 根　紅蘿蔔…1/3 根
牛蒡…1/2 根　鴻喜菇…1/2 包
獅子唐辛子[2]…6 根　鹽、胡椒…各少許　高湯塊…1 塊
麵粉…2 大匙　水…1 杯

〔作法〕

① 雞肉切成一口大小，放入平底鍋將表皮煎至金黃。
② 將根莖類隨意切塊，加入①中；待整體軟化後，加入麵粉拌炒均勻。
③ 加入 1 杯水，將根莖類燉煮至熟。
④ 燉好根莖類後，加入切成薄片的鴻喜菇、豆漿、鹽、胡椒、高湯塊調味。
⑤ 裝盤，以平底鍋將獅子唐辛子煎至表面焦黃後放上，完成。

〔作法〕

① 蒜頭去皮，以菜刀拍碎。將除了櫛瓜以外的蔬菜去皮。培根、蔬菜全部切丁，約 1cm 大小。
② 將足夠的橄欖油均勻散布在鍋裡。壓碎的蒜頭拌炒至有香味。
③ 加入剩下的蔬菜與培根。
④ 放入蕃茄，煮至水分收乾；以鹽、胡椒調味。

---

1. Worcestershire sauce，為一種辣醬油，又稱烏酢、辣醋醬油、英國黑醋，是一種英國調味料，味道酸甜微辣，色澤黑褐。

2. 「獅子唐辛子」（シシトウ）是辣椒的栽培品種，日本特產。唐辛子是辣椒的意思，而獅子則是由於它的頂端如同獅子頭一般而得名。吃法包括水煮、炸，或者跟醬油一起燉煮。

加入口感跟肉完全一樣的豆渣
降低卡路里

豆渣乾咖哩

〔材料〕（4 人份）
綜合絞肉（手工製）…200g
生豆渣…100g
洋蔥…1 個
沙拉用的豆子…1 包
咖哩粉…2 ～ 3 大匙
鹽、胡椒…各少許
高湯塊…1 個
喜歡的蔬菜（蓮藕、南瓜、茄子、小蕃茄等）
…適量
白煮蛋…4 個
蕃茄醬…2 大匙
伍斯特醬…2 大匙
葡萄乾…約 20g

〔作法〕
① 洋蔥切碎。
② 在平底鍋倒入橄欖油拌炒①。整體軟化後，放入綜合絞肉、豆子、葡萄乾拌炒。
③ 絞肉炒過之後，放入豆渣、咖哩粉、高湯塊、蕃茄醬、伍斯特醬。以鹽、胡椒調味。
④ 拌炒至湯汁收乾。
⑤ 將喜歡的蔬菜放在烤架上烤至表皮金黃後，跟白煮蛋切片一起裝盤。蔬菜也可以用平底鍋煎或是油炸。最後，如果手邊有巴西利（洋香菜），放一些在上面裝飾。

point!

市售絞肉 [3] 含有太多脂肪，自己手工製可以減少脂肪含量。作法很簡單，將豬肉 100g 與牛肉 100g 放入食物調理機絞碎即可，用菜刀剁碎也可。

讓人不在乎蕃茄的酸味
用生薑讓身體暖呼呼

蕃茄生薑飯

〔材料〕（2～3 人份）
米…2 合
蕃茄汁…400ml
高湯塊…1 個
生薑 [4]…1 截
鹽、胡椒…各少許
橄欖油…1 大匙
起司粉…少許

〔作法〕
① 生薑切碎，將除了起司粉以外的材料一起放入電鍋，按下開關。
② 撒上起司粉。

Tomato Ginger

point!

在 Lotta，我們稱蕃茄為「抗老女王」。蕃茄就是對女性這麼重要的一種蔬菜。連皮一起冷凍起來備用會很方便，可以保存大約 1 個月；使用時浸到冷水裡就可以馬上剝掉皮。但是不建議直接生吃冷凍蕃茄，請把冷凍蕃茄拿來加熱調理吧。

3. 日本較少傳統市場，在超市或店家買絞肉的話，都是配好比例的肉，很少可以自選比例請店家絞。

4. 日本料理中，生薑 1 截約等於大姆指指節的長度。

用豆渣也可以做出美味的法國料理
當伴手禮也很棒

豆渣鹽味起司蛋糕

〔材料〕（15cm 磅蛋糕烤模）

麵粉…90g
生豆渣…30g
蛋…2 個
豆漿…40ml
泡打粉…1/2 小匙
橄欖油…50g
高湯塊…1 個
鹽、胡椒…各少許

培根薄片…1 包
青椒…1 個
洋蔥…1/2 個
低融點起司…適量

point!

鹽味蛋糕是法國料理，意指不甜的蛋糕。最適合待客或是
當伴手禮。因為放了豆渣，可以抑制糖分吸收，也有減重
的效果。

〔作法〕

① 麵粉和泡打粉過篩並混合。
② 洋蔥切碎，與青椒、培根在平底鍋拌炒後，加入高湯塊，再加
　入鹽、胡椒。
③ 在揉麵碗中放入蛋、橄欖油、豆漿、豆渣，將其充分混合。
④ 把③跟②充分混合。
⑤ 加入①，稍微混合一下。
⑥ 倒入已鋪有烤盤紙的磅蛋糕烤模中，把表面撫平；接著拿起烤
　模在桌上輕敲數下，把裡面的空氣敲掉。最後撒上起司。烤箱
　預熱至 180℃，烤 30 分鐘。

食物纖維豐富，吃到飽也不怕胖
Lotta 的終極減肥鍋！

暖呼呼豆渣韓式火鍋

〔材料〕（4～5 人份）

蒜頭⋯1 瓣	A　水⋯750ml
生薑⋯10g	蠔油⋯2 大匙
洋蔥⋯1/2 個	中式高湯⋯2 大匙
生豆渣⋯150g	豆瓣醬⋯2 小匙～
豬肉切片⋯300g	芝麻油⋯適量
綜合內臟⋯200g	泡菜⋯400g
豆芽菜⋯1 包	
金針菇⋯1/2 包	
木綿豆腐⋯1 塊	
韭菜⋯1/2 把	

〔作法〕

① 拍碎蒜頭；將生薑、洋蔥切細絲。

② 在陶鍋放入足量的芝麻油，將①入鍋炒香。

③ 炒香後，加入生豆渣、綜合內臟、豬肉，稍微炒一下；放入泡菜、豆芽菜、金針菇，讓它們煮入味。

④ 木綿豆腐切為 8 等分，放入鍋中。

⑤ 將 A 放入揉麵碗，充分混合；放入陶鍋後蓋上，以小火燉煮約 30 分鐘（要不時把浮渣撈掉）。如果爐子有定時功能會很方便。

⑥ 韭菜切段，每段約 5cm。

⑦ 放入韭菜，蓋上燜煮約 1 分鐘，最後淋上芝麻油就完成了。

point!

蒜頭＋洋蔥是排毒的最佳拍檔！泡菜的辛辣也可以提升新陳代謝，加入豆渣則能提升飽足感。

賣相可愛的彈牙麻糬
可以加入自己喜歡的食材，讓它變得色彩繽紛

Lotta 豆渣日式年糕

〔材料〕（10顆）
生豆渣…100g
日式太白粉[5]…50g
水…約70m（加水使材料柔軟而有韌性）
鹽…一小撮
喜歡的食材（熟食）…適量

章魚

青海苔

蔥 × 白蘿蔔泥 × 蝦仁

豆瓣醬

原味

黑白芝麻

5. 原文為「片栗粉」，是一種熟的太白粉，和一般生的太白粉不同的地方在於不用經過蒸烤就可以直接食用，因此常被用來當作手粉或直接沾於日式點心外層。外觀上，日式太白粉較白、質感較密；而一般太白粉則相對偏灰、質感較鬆。日式太白粉較易於日系百貨超市購得。

〔基本作法〕
① 將全部材料都放入揉麵碗，以手充分揉勻。
② 平底鍋加熱至 180℃，煎至兩面金黃即可。

咖哩 × 起司　　　　　　蒸馬鈴薯

培根 × 玉米粒　　　　　　蒸南瓜

蒸馬鈴薯 × 芝麻　　　　　柚子胡椒

17

抗老課程
Lesson 2
用豆腐、豆漿變美麗

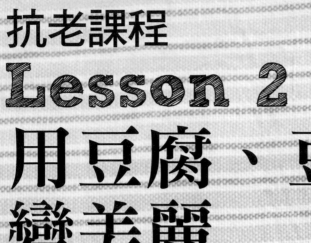

不用我說，大家也知道大豆製品對身體很好，
但是豆腐、豆漿卻意外地很難應用在料理上。
除了直接吃喝之外，
大家會不會不知道該如何應用它們呢？
在 Lotta，
我們教大家關於豆腐與豆漿的日式與西式食譜；
像是只有用豆腐當材料的什錦燒、豆漿味噌湯等。
讓你的家人愛上它們。

關於豆腐與豆漿

大豆製品是重要的蛋白質來源。照理說
是像肉或魚一樣，三餐都應該攝取的。
它還多了平衡女性荷爾蒙的作用，因此
Lotta 鼓勵大家用豆漿代替牛奶，讓自己
每一餐都能攝取到大豆製品！

在加拿大，鬆餅是一般的早餐
讓我們用豆腐跟豆漿來做出健康的日式風味

豆腐鬆餅拼盤

one plate!
加拿大式豆腐鬆餅
滿滿蔬菜的豆漿味噌湯
美式豆漿炒蛋
橄欖油漬蔬菜百匯

a. 加拿大式豆腐鬆餅

〔材料〕（10 小片）

嫩豆腐…80g
麵粉…90g
蛋…1 個
豆漿…100ml
砂糖…2 大匙
鹽…比 1/2 小匙稍多一點
泡打粉…1 小匙

〔作法〕

① 用食物調理機或是手工將豆腐攪至滑順。
② 將粉類放入揉麵碗，加入打好的蛋汁，充分混合。
③ 把剩下的材料全部加入混合。
④ 以低溫將平底鍋加溫（如果爐子有溫度調整功能，調至 150℃）後，煎出薄鬆餅。蓋上約 3 分鐘，翻面煎。

point!

加拿大式豆腐鬆餅的食譜中有用蛋，但過敏的人不用蛋也 OK。嫩豆腐與豆漿會做出 Q 彈的口感，也可以冷凍起來做各種應用。

c. 美式豆漿炒蛋

〔材料〕（2～3 人份）

蛋…2 個
鹽、胡椒…各少許
豆漿…100ml

〔作法〕

① 把蛋打在揉麵碗裡後，加入全部材料。
② 平底鍋開中火，澆入蛋液。
③ 邊緣慢慢變白凝固時，以鍋鏟從平底鍋的底部快速翻炒蛋液。
④ 在蛋液 8 成凝固時，就可以關火了。
※ 不要讓蛋熟過頭了！

b. 滿滿蔬菜的豆漿味噌湯

〔材料〕（2 人份）

白菜…2 片
紅蘿蔔…1/4 根
雞腿肉…1/4 塊
香菇…2 個
白蔥…10cm
水…200ml
豆漿…100ml
高湯塊…1 個
味噌…1 大匙
一味粉或七味粉…適量

〔作法〕

① 白菜隨意切至喜愛的大小、香菇切薄片、白蔥切絲、紅蘿蔔切成 1/4 薄片、雞肉切成入口的大小。
② 芝麻油入鍋均勻佈好，加入高湯塊與①拌炒。
③ 加入 200ml 水，待沸騰關火，再加入味噌。
④ 最後加入豆漿，在沸騰之際關火。可依個人喜好加入一味粉或七味粉。

d. 橄欖油漬蔬菜百匯

〔材料〕（3 人份）

混合豆類…1 包
橄欖油…1 大匙
鹽…少許
起司粉…適量
橄欖…5 個

〔作法〕

① 揉麵碗中放入混合豆類、切片橄欖、橄欖油、鹽，充份混合後，撒上起司粉。

日式太白粉可以把餅皮材料融合在一起
就算只有豆腐跟高麗菜也能做出好口感！

豆腐什錦燒

〔**材料**〕（1 大片）

豆腐…300g
高麗菜…150g
日式太白粉…4 大匙
鹽…少許
高湯粉…2.5g
日式什錦燒醬、柴魚片、大蔥蔥絲等…適量

〔**作法**〕

① 將豆腐、日式太白粉、高湯粉、鹽放入食物調理機混合。
② 將①放入揉麵碗，去除水分；再放入已切絲的高麗菜。
③ 在平底鍋均勻放入芝麻油，澆入拌勻的材料，煎熟（如果爐子有溫度調整功能，調至 190℃）。
④ 在煎好的什錦燒表面加上日式什錦燒醬、柴魚片、大蔥蔥絲。

point!

這是一道不用蛋也不用麵粉的無麩質什錦燒，Q 彈的口感讓它在 Lotta 成為人氣菜單。

以芝麻油拌炒來增加香氣
讓你發現意外組合的美味

牛蒡培根味噌湯

〔**材料**〕（4 人份）

牛蒡…1 根
培根…2 片
高湯粉…5g
水…500ml
味噌…2 大匙

〔**作法**〕

① 牛蒡切絲，培根切成約 3mm 寬的細絲。
② 培根入鍋以芝麻油拌炒。之後放入牛蒡。
③ 食材軟化後，加入水與高湯粉燉煮。
④ 關火，加入味噌調味。撒點一味粉也好吃。

Lesson 3

用蔬菜變美麗
可以品嚐到蔬菜美味的一道料理

Lotta 韓式生菜沙拉

〔材料〕（3 人份）

紅葉萵苣…4 片
烤海苔…1 片
芝麻油…1 又 1/2 大匙
鹽…1/4 小匙

〔作法〕

① 烤海苔捏碎。
② 將調味料放入全部的材料中，混合均勻。

point!

用雪裡紅、小黃瓜、汆燙豆芽菜來代替紅葉萵苣也 OK。

韓式豆苗小菜

〔材料〕（3 人份）

豆芽菜…1 包
韭菜…1/2 把
醬油…1 又 1/2 大匙
蒜泥…蒜頭 1 瓣
生薑泥…生薑 1 片
芝麻油…2 大匙

〔作法〕

① 將調味料在揉麵碗中先混合好。
② 韭菜切成約 3cm 長，與豆芽菜一起
   汆燙後，再把水分瀝乾。
③ 把①與②混合。

醋炒秋葵蕈菇

〔材料〕（3 人份）
鴻喜菇或金針菇、杏鮑菇等蕈菇類…2 包
秋葵…5 根　鹽、胡椒…適量　蒜頭…1 瓣
醋…1/2 大匙　醬油…1 大匙　紅辣椒…適量

〔作法〕
① 秋葵洗淨後切半；蒜頭切碎；蕈菇類切成一
　 口大小。
② 平底鍋均勻放入橄欖油，再放入蒜頭、切成
　 一半的紅辣椒。待香味出來後再放入秋葵與
　 蕈菇。
③ 全部炒熟後，加入醬油、醋、鹽、胡椒調味。
　 稍微炒焦一點更好吃！

馬鈴薯沙拉風羊棲菜豆渣

〔材料〕（3 人份）
乾燥羊棲菜…5g　起司粉…2 大匙
美乃滋…2 大匙　白煮蛋…2 個　鹽…少許
生豆渣…100g　培根…3 片　小黃瓜…1/2 根

〔作法〕
① 乾燥羊棲菜以水泡發後，將水分瀝乾。
② 培根切細絲，以平底鍋煎至有一點金黃的程
　 度。
③ 小黃瓜切薄片，用鹽巴揉一下，將水分瀝乾。
④ 把全部材料放入揉麵碗均勻混合。

point!

超人氣無糖分菜單！配合羊棲菜更是效果絕佳！
如果口感太乾時，可以用豆漿來調整口感。

橄欖油漬青椒蕃茄

〔材料〕（3 人份）
青椒…2 個
蕃茄…1/2 個
洋蔥切碎…一小撮
蘘荷…1/2 根
鹽、胡椒…各少許
醋…1 小匙
橄欖油…1 又 1/2 大匙

〔作法〕
① 青椒洗乾淨、切薄片備用。蕃茄切丁，約
　 1cm 大小。
② 將①與切碎的洋蔥、醋、橄欖油放入揉麵碗，
　 以鹽、胡椒調味。裝盤後將切絲的蘘荷裝飾
　 其上就完成了。

美味白蘿蔔起司排

〔材料〕（2 人份）

白蘿蔔…約 8cm　酒…1 大匙
味醂…1 大匙　高湯醬油…2 大匙
低融點起司…少許　巴西利粉…少許

〔作法〕

① 白蘿蔔去皮，切 2 ～ 3cm 厚，把較粗的纖維
　 去掉後汆燙備用。
② 橄欖油倒入平底鍋，將白蘿蔔煎至稍微有點
　 金黃色；加入酒、高湯醬油、味醂燉煮。注
　 意不要燒焦了。
③ 把起司放在白蘿蔔上，以烤麵包機、烤架或
　 烤箱烤至金黃。最後撒上巴西利粉。

鹽味焦糖蕃薯

〔材料〕（2 人份）

蕃薯…1 根
砂糖…1 又 1/2 大匙
鹽…少許

〔作法〕

① 蕃薯隨意切塊後，用微波爐加熱 3 ～ 4 分鐘。
② 橄欖油倒入平底鍋，放入蕃薯，翻滾煎至金
　 黃色。
③ 煎至金黃色後，撒上砂糖，滾動蕃薯讓每一
　 面都沾上。
④ 煎至焦黃酥脆的感覺後，再撒上鹽巴就完成
　 了。

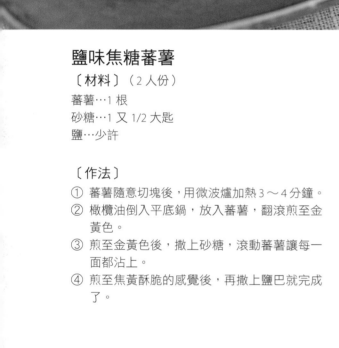

白蔥味噌起司燒

〔材料〕（2 人份）

白蔥…2 根　低融點起司…少許
A　美乃滋…1 大匙
　　味噌…1 小匙
　　柚子胡椒…少許
　　砂糖…2 小匙

〔作法〕

① 在揉麵碗中混好 A 備用。
② 將白蔥切成 3cm，放入平底鍋，煎至焦黃。
③ 煎好的白蔥放入耐熱皿，把①鋪在上面，
　 最後放上起司。然後以烤麵包機、烤架或
　 烤箱烤至金黃。

蕃茄起司盅

〔材料〕（1 個）

蕃茄…1/4 個　低融點起司…少許
美乃滋…1/2 小匙　鹽、胡椒…各少許
橄欖油…1/2 小匙　薄片蘑菇…5 片
蛋…1 個

〔作法〕

① 蕃茄切丁，放入揉麵碗中混合美乃滋及橄欖油，
　　再加入鹽、胡椒靜置。
② 在盅內鋪上①（不要讓水分進入），在上面打
　　一個蛋。
③ 按順序放入薄片蘑菇、起司。
④ 以烤麵包機加熱約 10 分鐘即可。

茄子披薩

〔材料〕（3 人份）

茄子…1 根　蕃茄醬…少許
大蒜粉（若手邊有的話）…少許
低融點起司…少許

〔作法〕

① 茄子去皮切片，以平底鍋將兩面先稍微煎
　　過。
② 把蕃茄醬、大蒜粉、起司鋪在煎過的茄子上，
　　以烤架烤大約 2 分鐘。

point!

用平底鍋煎茄子時，若煎得太久，茄子會太過軟
爛，所以只要煎表面就好。

法式紅蘿蔔沙拉

〔材料〕（3 人份）

紅蘿蔔…1 根　橄欖…6 個　醋…2 大匙
鹽、胡椒…各少許　砂糖…2 小匙
橄欖油…2 大匙　巴西利粉…少許

〔作法〕

① 紅蘿蔔先切成薄片，然後切細絲；再將橄欖切
　　薄片，與其他調味料混合後放入冰箱。完成後
　　撒上巴西利粉。

point!

紅蘿蔔可減少活性氧類（即自由基），是一種對皮膚
再生有所幫助的蔬菜。Lotta 菜單裡常常使用它。

花一點小小的功夫
就可以嚐到餐廳的味道

蔬菜湯品 4 種

a

b

c

d

a. 大蒜焗烤濃湯

〔材料〕（4 人份）

洋蔥…2 個
高湯塊…2 個
鹽、胡椒…各少許
法國麵包…8cm
低融點起司…少許
水…500ml

〔作法〕

① 法國麵包切至厚度約 2cm 備用。
② 洋蔥切薄片備用。
③ 倒足量橄欖油入平底鍋，放入洋蔥拌炒至焦糖色（洋蔥事先以微波爐加熱 5 分鐘，可縮短拌炒時間）。
④ 加入水與高湯塊至③，以鹽、胡椒調味。
⑤ 把湯盛進容器，撒上法國麵包，再放上起司；以烤箱或烤麵包機烤至金黃。

point!

洋蔥要有耐性地拌炒，可增加其甜度。簡單的手續就可做出餐廳專業廚師的味道！「百菇濃湯」也是一樣，有耐性地拌炒洋蔥是重點。

b. 蕃薯濃湯
c. 南瓜濃湯

〔材料〕（3～4 人份）

南瓜或蕃薯（帶皮）…300g
豆漿…300ml
橄欖油…1 大匙
水…100ml
鹽…少許

※ 若南瓜不甜，可依喜好加入砂糖。

〔作法〕

① 將去皮南瓜或去皮蕃薯切成一口大小放入耐熱容器，包上保鮮膜後以微波爐加熱約 5 分鐘。
② 煮熟後放入食物調理機，將①與橄欖油、水一起攪拌。水分太少的話，食物調理機會轉不動，要注意。
③ 將食物調理機攪過的南瓜（蕃薯）過篩壓泥。
④ 將③入鍋，以豆漿與鹽調味，在沸騰前轉小火。

point!

③的過篩壓泥可以使口感變得綿密，做出像飯店或餐廳的濃湯一樣的口感。如果是用蕃薯，可連蕃薯營養最多的皮一起使用，攝取蔬菜完整的營養。

d. 百菇濃湯

〔材料〕（4 人份）

洋蔥…1/2 個
馬鈴薯…1 個
鴻喜菇…1/2 包
金針菇…1/2 包
高湯塊…1 個
水…150ml
豆漿…400ml
鹽、胡椒…各少許

〔作法〕

① 倒橄欖油入熱鍋，拌炒切成薄片的洋蔥。洋蔥變軟後，將分成小塊的蕈菇類加入拌炒（為了容易炒熟，尺寸小一點比較好）。
② 整體炒熟後，加入水和去皮切成薄片的馬鈴薯，上蓋煮到熟透為止。熟透後，加入高湯塊、鹽、胡椒。
③ 以攪拌器攪碎②後，再加入豆漿攪拌。
④ 放回鍋中，注意不要讓它沸騰，以小火溫熱。

point!

這是一道能引出蕈菇鮮甜滋味的獨特濃湯。還能攝取食物纖維，最適合減重。洋蔥或馬鈴薯等根莖類的蔬果會讓身體暖和，適合寒冷的季節享用。

抗老課程
Lesson 4
用五穀雜糧變美麗

口感紮實的五穀雜糧，
和白米飯混在一起時色彩鮮艷。
只要在每天吃的白米飯中加入五穀雜糧，
就能得到通暢的腸道，
是成為腸胃美人是變瘦的第一要件，
對美肌也很有效果喔！

關於五穀雜糧

雖然以五穀雜糧來概括，但是它們的效果卻完全不同。不過每一種都能抑制糖分的吸收、含有豐富的食物纖維。我常以大麥為主，配合紫米、紅米、藜麥、芝麻，事先配好自己喜歡的比例備用，種類按自己的喜好即可。五穀雜糧與白米一起泡水後再煮，會比較好吃。

〔作法〕

① 把米洗好，在電鍋裡放入成比例的水，並加入五穀雜糧。泡水約 30 分鐘後再煮。

② ①的飯煮好後移到壽司桶裡與 B 混合，用扇子將其搧涼。

③ 待飯冷卻後，加入 C 充分混合。

④ 將 A 混合，做好蛋絲備用（若爐子有溫度調整功能，請以 140℃ 煎蛋）。

⑤ 將鮭魚等生魚片、蛋絲、D 的食材散放在飯上做裝飾。

※ 煮飯的方法請參照 P5。

怎麼可能！不會用到砂糖的壽司飯
用高湯就能充分入味

美味雜糧散壽司

〔材料〕（3 人份）

米…2 合

五穀雜糧…2 大匙

鮭魚或蝦子等生魚片…適量

A | 蛋…2 個
  | 鹽…1/3 小匙

B | 醋…1 大匙
  | 巴薩米可醋 [6]…1 大匙
  | 鹽…1/2 小匙

C | 鹽昆布…5g
  | 柴魚片…10g
  | 蝦仁…10g
  | 日式梅乾…大的 2 個
  | 高湯粉…5g

D | 芝蔴、山藥昆布、海苔絲、蝦米…適量
  | 青紫蘇…5 片
  | 鴨兒芹…1/2 把

6. 為義大利傳統有機葡萄醋，普通的醋也可以。

point!

鮭魚在魚貝類中也是具代表性的抗老食材。具備了豐富的優良油脂、蛋白質、DHA、EPA。除了肉之外，大家也要吃魚喔！

讓人驚嘆也太簡單了吧！
簡單清爽又美味的湯品

醋橘提味湯

〔材料〕（2 人份）

高湯粉…5g
水…400ml
鹽…1/2 小匙
醋橘…1 個

〔作法〕

① 水煮至沸騰，加入高湯粉。
② 醋橘切薄片備用。
③ 在①中加入鹽巴，裝入碗中，再加上醋橘就完成了。

被稱為「可以吃的湯品」
充滿蔬菜精華、口感豐富

澤煮椀

〔材料〕（2 人份）

紅蘿蔔…1/3 根
牛蒡…1/2 根
白蘿蔔…1/6 根
鴨兒芹等…適量
水…400ml
高湯粉…5g
鹽…1/2 小匙

〔作法〕

① 將紅蘿蔔、牛蒡、白蘿蔔切細絲，一起放入揉麵碗準備。
② 將紅蘿蔔、牛蒡、白蘿蔔倒入鍋中，加入水、高湯粉、鹽，燉煮約 5 分鐘即可，要留下蔬菜的口感。
③ 加上鴨兒芹等。

散發出蕈菇柔和的香氣
用食物纖維來清腸胃

三菇湯

〔材料〕（2 人份）

高湯粉…5g
水…400ml
鹽…1/2 小匙
金針菇、鴻喜菇、杏鮑菇…適量
大蔥蔥絲…少許

〔作法〕

① 水煮至沸騰，加入高湯粉。
② 蕈菇切成一口大小備用。
③ 在①中放入鹽，再加入蕈菇，上蓋煮大約 1 分鐘。
④ 裝入碗中，散放上大蔥蔥絲就完成了。

蝦仁與紫蘇的風味非常合
煮好飯、拌在一起即可的超簡單拌飯

大麥蝦米拌飯

〔材料〕（2 合份）　　〔作法〕

米…2 合
青紫蘇…5 片
大麥…50g
鹽…1 小匙
蝦米…一撮

① 洗好米、放入電鍋，加入和平時一樣的水量。
② 加入大麥，再加入大麥的 2 倍水量。
③ 稍微混合一下，泡水 30 分鐘後再煮。
④ 飯煮好後，放入蝦米、切絲的青紫蘇、鹽巴調味。

point!

在 Lotta，蝦米是重要的寶物！雖然便宜卻能熬出很棒的高湯，鈣質也很豐富。可以當作冰箱常備品。

羊棲菜是日本的超級食物
對皮膚好、維他命 A 也很豐富

羊棲菜雜糧飯

〔材料〕（2 合份）　　〔作法〕

米…1 又 1/2 合
糯米…1/2 合
A　乾燥羊棲菜…2 大匙
　　五穀雜糧…2 大匙
　　鹽…1/2 小匙
　　高湯粉…5g
　　醬油…2 大匙
白芝麻、毛豆…適量

① 洗好白米與糯米，泡水約 30 分鐘。
② 以熱水將乾燥羊棲菜泡發後備用。在電鍋放入
　①與 A 後，開始煮飯。
③ 吃的時候可加上白芝麻或毛豆。

以生薑的效果提升代謝！
重點是洗乾淨後連皮一起用

雜糧生薑飯

〔材料〕（2 合份）　　〔作法〕

米…2 合
生薑…1 截
高湯醬油…2 大匙
鹽…少許
五穀雜糧…2 大匙

① 洗好米、放入電鍋，加入和平時一樣的水量。
② 與五穀雜糧一起泡水 30 分鐘，再放入切碎的
　生薑、高湯醬油、鹽一起煮。

※ 煮飯的方法請參照 P5。

point!

Lotta 的簡單做飯系列是只需將食材混在煮好的飯中，或是把食材跟飯一起放進電鍋煮就好，簡單地令人驚訝。

抗老課程
Lesson 5
Lotta 特製
藥膳醬汁料理

看標題感覺好像是很了不起的料理，
但實際做了以後會發現意外地簡單。
用家裡的調味料就能做出來。
而且又非常好吃，
對於提升體溫、活力、代謝很有效果。
用來搭配什麼料理都好吃，大家一定要試試看！

特製藥膳醬汁

〔材料〕（約 200ml）

洋蔥…1/2 個
蒜頭…2 大瓣
生薑…10g
芝麻油…1 大匙
A 酒…1 大匙
　水…100ml
　醬油…4 大匙
　橄欖油…4 大匙

〔作法〕

① 在鍋中倒入橄欖油，充分鋪勻。
　拍碎蒜頭、切碎洋蔥與生薑，然
　後以 140℃（小火）拌炒至食材軟
　化。
② 加入 A，燉煮 10 分鐘。
③ 放冷至手可以碰觸的程度，再以
　食物調理機攪碎，最後加入芝麻
　油就完成了。請以玻璃瓶保存。

\先把這個做起來吧/

point!
這是結合讓身體溫暖的生薑、降血壓的洋蔥、促進血液循環的蒜頭等三種超級調味料。以橄欖油拌炒還可以提升抗氧化作用，最後的芝麻油可以增加風味。可以搭配肉類、魚類、丼飯等，是一種萬能醬料。

不論任何肉類都可以用低溫燒烤做得好吃
以藥膳醬汁提出肉類的甘甜

低溫烤牛肉

〔材料〕（4～5 人份）
牛肉塊…400g
鹽、胡椒…各少許
特製藥膳醬汁…適量

〔作法〕
① 牛肉退冰至常溫備用，撒上鹽與胡椒。
② 以平底鍋將牛肉表面稍微煎過，然後用錫箔紙
　包起來，放入已經預熱至 100℃ 的烤箱烤約 30
　分鐘。
③ 把牛肉切成薄片，將錫箔紙中殘留的肉汁與藥
　膳醬汁混合後淋在牛肉上。

point!
也可以用豬肉來做這道菜。用豬肉時，要烤大約 40 分
鐘，我推薦使用肩里肌部位。以低溫先煎過可以防止肉
類因燒烤而縮水，進而烤出柔軟的烤牛肉。

煎過後入口即化的美味酪梨
派對風裝飾擺盤

酪梨一口漢堡

〔材料〕（約 20 小份）

〈漢堡〉

綜合絞肉…300g

洋蔥切碎…1/2 個

豆漿…60ml

酪梨…1 個

肉豆蔻、鹽、胡椒…各少許

蛋…1 個

〈裝飾擺盤用〉

喜歡的蔬菜（小蕃茄或橄欖薄片
等）…適量

特製藥膳醬汁…適量

〔作法〕

① 將除了酪梨以外的漢堡材料
全部混合起來，揉至有黏性
的感覺。然後將酪梨切成
2cm 大小的方塊丁，加入漢
堡材料中混合，注意不要把
酪梨壓碎。再捏成 20 個橢圓
形。

② 在平底鍋裡倒入橄欖油，以
小火慢煎。

③ 裝飾上喜歡的蔬菜，再澆下
藥膳醬汁就完成了。

point!

酪梨被稱為「可以吃的美容
液」，含有許多對肌膚有益的
好油。還可以調節荷爾蒙平
衡，所以我非常推薦女性經常
食用。但是卡路里蠻高的，所
以要注意別吃太多了。

在豐富的蔬菜裡加上藜麥
飽足感滿點的美人丼

藜麥蔬菜總匯丼

〔材料〕（3 人份）
紅葉萵苣…1 片
小蕃茄…3 個
紅高麗菜（如果手邊有的話）…適量
秋葵…3 根
茄子…1 根
蓮藕、蕃茄…適量
白米…2 合
藜麥…2 大匙
雞腿肉…1 片
半熟蛋…3 個
特製藥膳醬汁…適量

〔作法〕
事先在白米中混入藜麥並煮好。
① 把雞腿肉的筋切掉、撒上鹽（鹽是不屬於上述材料中的）。
② 秋葵縱向切半、茄子縱向切成長形、蓮藕切薄片。把雞肉與切好的蔬菜放在烤架上，烤大約 15 ～ 20 分鐘，用平底鍋煎也 OK。
③ 把煮好的藜麥飯裝盤，撕一些紅葉萵苣撒在上面，將切成一口大小的雞肉、烤蔬菜、切成薄片的小蕃茄、紅高麗菜擺上去。
④ 澆上 2 小匙藥膳醬汁，放上半熟蛋。如果手邊有的話，撒上芝麻或是烤藜麥。
※ 半熟蛋作法：在沸騰的水中放入蛋，然後關火蓋上，等 10 分鐘。

point!

藜麥是南美玻利維亞產的穀物，含有豐富的食物纖維，可以抑制血糖上升；而維他命 B 群則有保健頭髮肌膚的效果等，是非常適合女性的超級食物。

用一支鍋子就可以「煮」、「煎」、「蒸」、「燻」，
就連在戶外也大有用處的荷蘭鍋。
最近也有相似調理功能的耐熱器皿或是爐具上市，
請大家也在自己家裡挑戰看看吧～

關於荷蘭鍋

荷蘭鍋會在蓋子上放上木炭，從上下兩方加熱，因
此可以保留食材的甘美，還能夠在短時間內加熱。
在 Lotta，我們用的是名為「爐連烤」（cocotte dutch
oven）的特殊功能爐具，不過這裡的食譜用普通的鍋或
烤箱也 OK。

抗老課程
Lesson 6
用荷蘭鍋
烤出派對料理

有份量的英國鄉土料理
也可以用豆漿來變健康

豆漿牧羊人派

〔材料〕（3～4 人份）

馬鈴薯…400～500g
豆漿…150～200ml
洋蔥…1/2 個
蒜頭…1 片
牛絞肉…300g
鹽…少許
A｜肉豆蔻…少許
　｜鹽、胡椒…各少許
　｜高湯塊…1 個

point!

步驟①也可以用爐連烤！加入 100ml 的水，然後加熱 20 分鐘即可。

〔作法〕

① 將馬鈴薯切成一口大小，放入微波爐加熱約 5 分鐘。熟了以後，把皮剝掉。
② 將豆漿加入①，攪拌至泥狀，並以鹽巴調味。
③ 在平底鍋裡倒入橄欖油，放入切碎的蒜頭、洋蔥等，拌炒至透明。
④ 洋蔥變透明後，在③裡放入絞肉，拌炒至熟透為止。
⑤ 水分收乾後，放入 A 調味。
⑥ 把⑤鋪在較大的耐熱皿中，上面鋪上②，再用叉子畫上花樣。
⑦ 以烤架煎至表面金黃。若是使用普通烤箱，請以 200℃烤 30 分鐘或 250℃烤 20 分鐘（烤到表面金黃、看起來很好吃的樣子最好）。如果是用爐連烤，大約是 15 分鐘。

「又麻煩、又沒辦法做得好吃」
顛覆印象的奇蹟食譜

蕃茄高麗菜捲

〔材料〕（2～3 人份）

高麗菜葉…7～8 片
洋蔥…1/2 個
蒜頭…小 1 個
綜合絞肉…450g
起司粉…少許

A | 鹽…少許
　 | 蛋…1 個
　 | 蕃茄醬、醬油、味醂…各 1 大匙
　 | 胡椒、肉豆蔻…各少許

B | 蕃茄汁…400ml
　 | 紅酒…200ml
　 | 高湯塊…2 個
　 | 伍斯特醬…2 大匙
　 | 鹽、胡椒…各少許

〔作法〕

① 選大一點的高麗菜葉，如果是小片的要用 2 片重疊。高麗菜水煮約 5 分鐘，把芯的部分切掉備用。洋蔥、蒜頭切碎。

② 在揉麵碗中放入洋蔥、綜合絞肉、A，攪拌至出現黏性，再以手揉出 8 個橢圓長形。

③ 用水煮過的高麗菜確實把②包起來。

④ 將 B 加入鍋中，再放入③，然後用荷蘭鍋燉煮 30 分鐘（普通的鍋要用小火燉煮 1 小時）。

⑤ 撒上起司粉就完成了。

point!

訣竅是燉煮時將高麗菜捲的接合處朝下，盡量擠得緊緊地。這樣的話就算不用牙籤固定也不會散開。

抗老課程
Lesson 7
祕製淋醬&醬汁

蘋果檸檬淋醬

〔材料〕（3 人份）
檸檬汁…1 大匙
蘋果泥…2 大匙
橄欖油…2 大匙
鹽…1/8 大匙
胡椒…少許

洋蔥中式淋醬

〔材料〕（3 人份）
洋蔥泥…1 大匙
醬油…25ml
醋…1 大匙
豆瓣醬…1/4 小匙
蒜泥…1/4 小匙
芝麻油…1 大匙

紅蘿蔔芥末淋醬

〔材料〕（3 人份）
橄欖油…1 大匙
鹽…少許
紅蘿蔔泥…1 大匙
芥末醬…1 小匙
紅酒醋（手邊沒有的話，就用醋）
…1 小匙

祕訣在於「某種泥」；
將不耐熱的蔬菜水果連皮一起以酵素分解，
讓人體吸收到平時較難攝取的養分。
預定上市日已經不遠了，在上市之前，
我試著構想了一些應用這項產品的食譜。

〔作法〕
材料放入揉麵碗混合，與喜歡的蔬菜一起享用。

用「某種東西」代替塔巴斯科辣椒醬[7]
就能做出墨西哥料理店也自嘆不如的道地口味

蔬菜莎莎醬

〔材料〕（2～3 人份）
蕃茄…1 個
洋蔥…1/4 個
青椒…1 個
蒜頭…1/2 瓣
蕃茄汁…40ml
洋蔥泥…10ml
白酒醋（手邊沒有的話，就用醋）…1 小匙
鹽…1/2 小匙
柚子胡椒…1/4 大匙
橄欖油…1 大匙

〔作法〕
① 蒜頭磨成泥，洋蔥、青椒切碎；蕃茄切成 1cm 大小的丁狀。
② 將全部的材料放入揉麵碗混合，靜置於冰箱 1 小時。
③ 可以澆在法式長棍麵包、烤過的肉或白肉魚上來吃。

7. Tabasco sauce，以這種辣椒的原產地墨西哥塔巴斯科州命名。

連這種醬汁也可以做

印度咖哩角醬汁

〔材料〕（2 人份）
生奶油…1 小匙
鹽…少許
紅蘿蔔泥…1 大匙
洋蔥泥…1 大匙
柚子胡椒…1/4 小匙
醋…1/2 小匙

〔作法〕
將全部的材料混在一起，澆在
印式咖哩角或印度坦都里烤雞
上來享用。

point!

使用柚子胡椒是重點。以一點辛辣提
味，但辛辣度比塔巴斯科辣椒醬柔
和。

直接澆在烏龍麵或素麵上就好吃

以豆漿稀釋作成湯也好吃

冷咖哩

〔**材料**〕（1 人份）

洋蔥泥…2 大匙

紅蘿蔔泥…1 大匙

蕃茄汁…2 大匙

橄欖油…1 大匙

咖哩粉…1/2 小匙

麵味露…1 小匙

鹽…少許

〔作法〕

① 將咖哩粉與橄欖油以平底鍋加熱混合後，放冷備用。

② 將全部的材料放入揉麵碗混合。

〔應用變化〕

冷製咖哩湯：與豆漿以 1 比 1 的比例調和。

咖哩素麵：與煮好且冷卻的素麵混合，放上切細絲的青紫蘇。

事先做好，要用時就可以馬上端出來
健康又簡單的開胃菜

紅蘿蔔慕斯雞尾酒沙拉

〔材料〕（2 支玻璃杯的量）
生奶油…2 大匙
鹽…少許
紅蘿蔔泥…2 大匙
吉利丁…2g
小蕃茄、芽菜類、蝦子、酪梨、鮭魚、
紫蘇等喜歡的食材…適量
橄欖油…1 大匙

〔作法〕
① 將生奶油打至發泡。
② 吉利丁 1 小匙以熱水溶化，放冷至手可以碰觸的程
　 度。
③ 將①、②與紅蘿蔔泥混合，倒入雞尾酒玻璃杯。
　 放入冰箱冷卻凝固。
④ 將喜歡的蔬菜與魚貝類等切丁，以鹽與橄欖油調味，
　 放在冷卻凝固後的③上。

沒有嗆鼻的酸味
每天都想喝的美容果汁

蔬果醋

〔材料〕（1 杯）
喜歡的蔬果泥…3 大匙
蜂蜜…1 大匙
檸檬汁…1 小匙
醋…1 小匙

〔作法〕
① 將喜歡的蔬果泥放入玻璃杯，再加入蜂蜜、檸
　 檬汁、醋。
② 以湯匙攪拌，使之溶化，並按個人喜好以冰水、
　 碳酸水、豆漿或牛奶稀釋。也可以拿來當優格
　 醬使用。

point!
醋已經證實具有減少內臟脂肪、降血壓的作用。每天
持續飲用很重要。

豆漿蕃薯椰奶布丁

〔材料〕（5～6人份）

椰奶罐頭…300ml
豆漿…200ml
吉利丁粉…10g
砂糖…60g
蕃薯泥…50g

〔作法〕

① 從椰奶罐頭底部充分攪勻，倒入鍋中；再加入豆漿及砂糖，一邊以火加熱、一邊充分攪拌至砂糖完全溶解。

② 在快要沸騰前關火、加入吉利丁攪拌，使其溶解。

③ 將②移入揉麵碗中，以冰水加入底部混合攪拌。攪拌至有黏度，待食材變冷後，將蕃薯泥放入冰箱，使其冷卻凝固。

葡萄柚醋橘果凍

〔材料〕（5 盅）

葡萄柚…1 個
吉利丁…5g
砂糖…3 大匙
醋橘汁…1 小匙
葡萄柚泥…50g
水…250ml

〔作法〕

① 葡萄柚去皮、剝出果肉後，切成一半備用。

② 將水和砂糖放入鍋中溶化，再加入醋橘汁與吉利丁；待其溶化後，冷卻備用。冷卻後，加入葡萄柚泥混合。

③ 將葡萄柚放入盅裡，再以濾茶網一邊篩②一邊加入盅裡。

④ 放入冰箱冷卻凝固。

不簡單的「酵素分解棒」

這個商品讚到我叫它為「抗老界的革命家」（笑），商品名稱是由「酵素分解」這個詞而來。

先來說說酵素；有 2 種酵素可說是我們身體為了活下去所需要的生命之源——易於消化食物並吸收養分的「消化酵素」，以及將所吸收的營養有效轉換的「代謝酵素」。蔬菜水果裡含有這些酵素，但一經加熱就會被破壞。

酵素分解棒的好處在於原料的蔬菜水果不是經加熱粉碎，而是以微生物分解的方式將其低分子化、形成泥狀，因此可以完全攝取有用的成分；而且低分子化還可以吸收到人類腸壁本來無法吸收到的養分、補充更多的養分。

這個商品是別人介紹給我的，我想在正式發售前提出更多的應用方法，因此就試著把它加入了食譜。令我驚訝的是，它是連皮一起由整個食物製作成泥的，但是吃起來完全沒有苦澀味，反而增加了甘美的味道。這好像是因為蔬菜水果如果是由微生物分解的話，其甜度會更高的關係。它可以直接飲用，也可以當調味料用，或當甜點吃。現在漸漸有食譜提倡攝取整個蔬菜水果的養分與酵素。

當然也可以把蔬菜水果磨成泥來代替食譜中的酵素分解棒，不過酵素分解棒上市後，請大家一定要試試看！不論是味道還是營養價值都完全不一樣。讓人覺得它說不定會在抗老界掀起革命的程度。在 Lotta，用這種酵素分解泥做的食譜相當受到好評，所以我現在還想再增加一些相關的食譜呢！

酵素分解棒

預定大約於 2016 年 12 月上市，日本各地超級市場等處皆會販售。共有 6 種蔬菜（蕃薯、紅蘿蔔、洋蔥）水果（柳橙、蘋果、葡萄柚），預定將分階段增加種類。

株式會社 Volcano ☎ 042·401·2981

專欄 1 ## 在使用進階級調味料前，先從基本的砂糖跟油開始

白砂糖是老化的根源，也是抗老之敵

先從選擇砂糖的方式來説，白砂糖絕對不行！精製白砂糖會加速老化，如斑點、皺紋、白髮等；三溫糖[8]或幼砂糖也是一樣。白砂糖把砂糖重要的部分全部去掉了，就像糙米與白米的差別。吃了白砂糖、三溫糖、幼砂糖後，馬上又會想要攝取糖分，依賴性很高，這也是大家戒不掉甜食的理由。當想要用甜的調味料時，我建議用蔗糖、蜂蜜、黑砂糖、甜菜糖、楓糖漿等未精製糖。甜度溫和、口味豐富，也較有深度，可以搭配料理使用。其中甜菜糖比較容易買到，還含有比菲德氏菌跟鉀。但希望大家不要搞錯，不是用了這些糖就會變瘦。因為糖分還是一樣多的。

在 Lotta 要炒或煎時，主要是用橄欖油。我喜歡的是這種有機橄欖油，是跑單幫的進口油，我還長年把它當卸妝油使用。雖然沒有東西比有機的更好，但只要用你方便買到的橄欖油即可。

不論好壞都會影響到身體的油

如果完全不攝取油分，頭髮與肌膚就會出現乾燥或是其他狀況。人體需要最低限度的油分，但是含有較多反式脂肪酸的沙拉油不行。Lotta 用的是橄欖油，它擁有分佈均衡的油酸、亞麻仁油酸、抗氧化物質，不含有對神經組織或肝臟細胞造成損害的成分。大家知道「純」（Pure）與「特級初榨」（Extra Virgin）的差別嗎？初榨橄欖油中，酸度在 0.8％以下、風味與品質特別好的就是「特級初榨」；而以品質參差不齊的橄欖精製，再以「特級初榨」加入香氣的是「純」橄欖油。但也不是説只要用「特級初榨」就能做出好吃的料理。如果是想做出能夠品嚐到橄欖香氣的料理，如生食等，就用「特級初榨」橄欖油；如果是要當炒菜油或是不想添加橄欖味時，就用「純」橄欖油。要依想做的料理來區分使用。

8. 三溫糖是黃砂糖的一種，為日本的特產，常用於日本料理，尤其是日式甜點。

抗老課程
Lesson 8
抗老甜點

大幅削減卡路里與材料費
就連不愛起司的男性也説好吃

脫水優格起司蛋糕

〔材料〕（直徑約 15cm 的蛋糕）
鹹餅乾…60g
豆漿或牛奶…4 大匙
脫水優格…1 包
砂糖…70g
生奶油…50ml
檸檬汁…2 大匙
蛋…2 個
低筋麵粉…40g
柑橘利口酒（如果手邊有的話）…1 大匙

〔作法〕
① 脫水優格倒入大一點的揉麵碗中，加入砂糖，以料理鏟混合。
② 依順序在①中加入打好的蛋、生奶油、檸檬汁、柑橘利口酒、低筋麵粉，充分攪拌混合。
③ 在直徑 15cm 的圓型蛋糕烤盤中鋪上烤盤紙，將烤箱預熱至 150℃備用。
④ 在揉麵碗中混合壓碎的鹹餅乾與豆漿，倒入蛋糕烤盤中壓實後，再倒入②，烤箱以 150℃烤 45 分鐘。
⑤ 連蛋糕烤盤一起放冷藏。

脫水優格

〔作法〕

① 準備好揉麵碗、較揉麵碗大一點的篩子、廚房紙巾（3張）。

② 依序放置揉麵碗、篩子、廚房紙巾，再倒入優格。

③ 輕柔地將優格包起來，將重物壓置其上，靜置約半日。
（可以將裝水的塑膠袋打結後當重物使用。）

先把這個做起來吧／

point!

放一下會出現名為「乳清」的透明液體。乳清的營養價值很高，可移至別的揉麵碗等容器中保存起來（可冷凍）。可加入印度奶昔或咖哩等。

Lotta 人氣甜點 No.1
好吃不輸道地的提拉米蘇

脫水優格提拉米蘇

Lotta SELECT No.3 人氣菜單

〔**材料**〕（4 個 180ml 的杯子）

脫水優格…1 包

A｜生奶油…100ml
　砂糖…40g
　蘭姆酒（如果手邊有的話）…2 大匙

B｜即溶咖啡粉… 4 小匙
　熱水…100ml
　餅乾…8 枚
　純可可粉…適量
　綜合莓果…適量

〔作法〕

① 混合 A，並將生奶油打至 7 分發。

② 將脫水優格加入①，充分攪拌（砂糖依個人喜好）。

③ 將餅乾放入塑膠袋中壓碎，再加入揉麵碗。

④ 混合 B，將咖啡粉溶於水再加入③的揉麵碗中。

⑤ 將④揉麵碗中大約一半的餅乾分別鋪在 4 個杯子中，然後在上面倒入②的優格奶油，約倒至杯子的一半。

⑥ 再將揉麵碗中剩下的餅乾均分後鋪在其上，然後再抹一層優格奶油，將表面撫平。

⑦ 放入冰箱冷藏，食用前以茶篩撒上可可粉。最後再放上綜合莓果。

※ 用抹茶粉代替可可粉也很好吃。

放一下會更好吃

可以一次多做一點，每天早上烤來吃

咖啡館全麥法式薄餅

基本法式薄餅

〔材料〕（約 3 片）

A 低筋麵粉…160g
　全麥麵粉…15g
　鹽…2g
　豆漿或牛奶…50ml
　蛋…1 個
　橄欖油或菜籽油…10g

水…150ml

蛋…3 個（最後放在上面用的）

培根、煙燻鮭魚、橄欖等喜歡的食材…適量

低融點起司…少許

鹽、胡椒…各少許

point!

麵糊上不加其他食材，也可以用糖粉或莓果來裝飾，或是將食材捲在麵皮裡面作成可麗餅風味，應用方式很多。

〔作法〕

① 將 A 放入揉麵碗，充分混合（如果先混合蛋與全麥麵粉，更容易混勻）。若手邊沒有全麥麵粉，全部用低筋麵粉也 OK。

② 慢慢分次加入水，充分攪勻。

③ 將橄欖油倒入不沾平底鍋，以長湯勺將大約 7 成的麵糊倒入鋪開。

④ 把蛋打在麵糊的正中間，用手稍固定住，不要讓蛋流到旁邊，等到有點凝固了，就加上起司、培根、煙燻鮭魚等，再以鹽、胡椒調味。

⑤ 煎好後，將四邊摺起使其呈四方形，然後用喜歡的蔬菜（這是不屬於上述材料中的）裝飾。

若是有具溫度調整功能的爐具，就可以將平底鍋保持在一定的溫度，在料理法式薄餅等較薄的食材時也能安心。

設定成 180℃。這樣溫度就不會超過 180℃，不會燒焦。

把蛋打到麵糊上，以手將其固定在中間。

將喜歡的食材放在蛋的周圍。

趁蛋還沒全熟時，將四邊摺起使其呈四方形。

真的只要這樣就好？很多人這樣問我
不用蛋也不用奶油，是食譜界的大發明

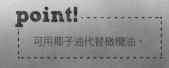

橄欖油餅乾

〔材料〕（約 15 片）

基本款

低筋麵粉⋯100g
泡打粉⋯3g
鹽⋯一小撮
橄欖油⋯40g
砂糖⋯35g

巧克力脆片款

低筋麵粉⋯100g
泡打粉⋯3g
鹽⋯一小撮
油⋯40g
砂糖⋯35g
巧克力脆片⋯40g

巧克力款

低筋麵粉⋯85g
泡打粉⋯3g
鹽⋯一小撮
油⋯40g
砂糖⋯35g
可可粉⋯15g

〔作法〕

① 將低筋麵粉、泡打粉篩入揉麵碗。
② 將剩下的材料加入充分混合。
③ 以保鮮膜將麵糰包起，靜置於冰箱 30 分鐘。
④ 用手將麵糰撕成小塊、揉圓，再輕輕壓成圓
　 形。烤箱預熱至 170℃，烤 12～15 分鐘。

point!

可用椰子油代替橄欖油。

利用超級食物更上一層樓

在使用之前，先看看它們對身體好的理由吧！

所謂超級食物，是指「某種有效成分特別豐富而突出的食物」。螺旋藻、奇亞籽、巴西莓、亞麻仁等都是超級食物，但各自的營養價值卻完全不同。「聽說亞麻仁油很好就買了」、「什麼東西都加奇亞籽」——我不建議這種使用方法。先了解自己的身體有何不足，以及這種超級食物對什麼有效之後再購買吧！重要的是持續使用。也有的食物是不加熱使用的，所以也要注意料理方法對效果的影響。

Lotta 常用的超級食物

枸杞

具有維他命、礦物質、蛋白質，還有富含對美肌也有效的 β- 胡蘿蔔素。常用於藥膳食材。也可以在料理做好後，直接放在上面。

杏仁

可能會有人覺得很意外，但這其實也是超級食物。富含防止細胞氧化的維他命 E，美國也有實驗指出可以預防肥胖。

奇亞籽

泡水後會膨脹約 10 倍，變成凝膠狀。含有豐富的葡甘露聚糖膳食纖維與礦物質。（奇亞籽 100% ／ © FINE JAPAN CO.,LTD）

亞麻仁

具有豐富的 α 次亞麻油酸（Omega-3 脂肪酸的一種）、食物纖維、木聚糖、蛋白質。可以撒在沙拉、米飯、義大利麵上使用。（烤亞麻仁【粒】／© 日本製粉）

亞麻仁油

具有濃醇的香氣，有改善肌膚問題、活化腦部的效果。含有豐富的 α 次亞麻油酸，不適合加熱。（亞麻仁油／© 日本製粉）

椰糖

因為升糖指數（GI）較低，所以血糖上升速度較慢。鈣質、鐵質等主要礦物質含量超過黑糖。（Crystal Coconut Sugar／©FINE JAPAN CO.,LTD）

Men's Recipe Class

男生愛吃的料理課程

在 Lotta，男生愛吃的料理課程
跟抗老課程一樣受歡迎。
例如咖哩飯及日式紅酒牛肉燴飯等
「男生就是愛這款」的菜單，
我們可以教大家簡單到不行卻又美味的作法。
最後還會教大家一點點
真的很想偷偷藏起來的
道乃特製食譜。

男生愛吃的料理課程

Lesson 1

用男生愛吃
的料理招待他

b.

a.

c.

d.

我聽到有人超驚訝地說：「印度料理店的味道！」
只要燉煮或是用烤箱烤一下，完全不麻煩

奶油雞肉咖哩拼盤

one plate!
奶油煎雞肉咖哩　　印度坦都里烤雞
薑黃飯　　　　　　好喝印度奶昔

a. 奶油煎雞肉咖哩

〔材料〕（3～4 人份）

雞翅膀…8 隻
洋蔥…2 個
蒜頭…1 瓣
奶油…30g
生奶油…3 大匙
蕃茄汁…400ml
咖哩粉…2 大匙
鹽、胡椒…適量
高湯塊…2 個

〔作法〕

① 雞翅膀撒上鹽、胡椒，置於調理盆裡備用。
② 切碎洋蔥、蒜頭，在平底鍋裡放入橄欖油，拌炒至金黃色。
③ 在另一個鍋裡倒入橄欖油，放入雞翅膀煎至表面金黃色。
④ 雞翅膀煎至表面金黃色後，將拌炒過的洋蔥、蒜頭、咖哩粉、高湯塊、鹽、胡椒放入一起炒，入味後再加入蕃茄汁，以強火煮至沸騰。然後以小火燉煮 30 分鐘。
⑤ 最後加入奶油，再澆上生奶油就完成了。

c. 印度坦都里烤雞

〔材料〕（4 人份）

雞腿肉…2 片
蒜頭…1 瓣
生薑…1 截
蕃茄醬…1 大匙
咖哩粉…1 大匙
鹽、胡椒…各少許
伍斯特醬…1 大匙
優格…4 大匙

〔作法〕

① 將雞肉切成一口大小，撒上鹽與胡椒後備用。
② 把蒜頭、生薑磨成泥。
③ 將雞肉、②、剩下的材料全部放進密封容器內混合後，靜置約 30 分鐘。
④ 以烤盤在烤架上烤或是用爐連烤，烤 15 分鐘即可。用平底鍋或烤箱也 OK。

b. 薑黃飯

〔材料〕（4 人份）

米…2 合
薑黃…2 小匙
橄欖油…1 大匙
月桂葉…1 片

〔作法〕

① 洗好米，加入和平常同樣的水量再放入電鍋。
② 泡水約 30 分鐘，再放入橄欖油、薑黃、月桂葉，開始煮飯。

point!

使用爐連烤烘烤印度坦都里烤雞，可以去除多餘的油脂，較為健康，而且表皮酥脆。

d. 好喝印度奶昔

〔材料〕（2～3 人份）

優格（無糖）…150g
砂糖…2～3 大匙
牛奶或豆漿…200g
冰…1 杯

〔作法〕

①材料全部放入攪拌器打碎。

不用番紅花也能做出風味
連鍋粑都好吃

地中海式西班牙海鮮飯

〔材料〕（3～4人份）
米…2 合
洋蔥…1/2 個
蒜頭…1 瓣
培根…2 條
A　鹽…1/4 小匙
　　白葡萄酒…2 大匙
　　咖哩粉或薑黃…2 小匙
　　水…2 又 1/2 杯
　　高湯塊…1 個
花枝、蝦子、貝類、甜椒、青椒等…適量
檸檬…1/2 個

point!

就算沒有價格高昂的番紅花，用咖哩粉或薑
黃也可以。只要色彩鮮艷，都可以作為上面
擺飾的食材。

〔作法〕

① 切碎洋蔥、蒜頭，培根切細備用；魚貝類事先
處理好備用。青椒切成一圈一圈的，甜椒則是
切薄片備用。

② 將 A 材料事先在揉麵碗中混合好。

③ 橄欖油倒入平底鍋加熱，並將洋蔥、蒜頭拌炒
至熟。之後加入培根、米，再將米拌炒至熟。

④ 加入②，上蓋煮 15 分鐘。煮好後，再以蔬菜或
魚貝類裝飾得五彩繽紛，再煮 15 分鐘。

⑤ 如果覺得米有點太硬，就加水再蒸一下。

⑥ 最後附上切片檸檬，就完成了。

只要把麵粉充分拌炒過
不用料理包就可以做出餐廳的味道

Michino SELECT No.3 嚴選

家常日式紅酒牛肉燴飯

〔材料〕（4～5人份）

豬肉薄片…300g
洋蔥…2 個
月桂葉…1 片
鹽、胡椒…各少許
紅酒…1 大匙
麵粉…4 大匙
A 伍斯特醬…4 大匙
  蕃茄汁…300ml
  橄欖油…2 大匙
蕃茄醬…4 大匙
高湯塊…2 個
水…200ml
蕃茄…1 個
巴西利…少許

〔作法〕

① 麵粉過篩後，以平底鍋拌炒（不要放油）。以強火拌炒至焦黃色，取出備用（會結塊，所以要再過一次篩）。

② 洋蔥切薄片，在鍋裡放 2 大匙橄欖油，將洋蔥拌炒至軟化。然後放入切成一口大小的豬肉拌炒。

③ 將①中炒過的麵粉分 3 次放入，注意不要讓麵粉結塊。

④ 蕃茄隨意切丁後，與 A 在揉麵碗中混合。

⑤ 將④、水、紅酒、鹽、胡椒、月桂葉加入③的鍋中，上蓋後以小火燉煮 20 分鐘。最後撒上巴西利就完成了。

男生愛吃的料理課程
Lesson 2
絕對祕傳♡食譜

這一篇是我真的想自己偷藏起來的食譜！

並不是特別豪華的料理，

只是漢堡或麻婆豆腐之類的簡單料理而已。

但是如果要把簡單的料理做得超美味，

這在家庭裡是很難做到的喔！

做出柔軟漢堡肉的鐵則
就是小火慢煎

祕傳♡漢堡

祕訣在此！

〔材料〕（3 個）
洋蔥…1/2 個
綜合絞肉…250g
A ｜ 鹽…1/2 小匙
　｜ 胡椒…少許
　｜ 醬油…1/2 大匙
　｜ 味醂…1/2 大匙
　｜ 蕃茄醬…1/2 大匙
　｜ 蒜泥…蒜頭 1 瓣
　｜ 蛋…1/2 個
　｜ 豆漿（或牛奶）…4 大匙
麵包粉…一撮

〈油醋醬〉
醋…2 大匙
巴薩米可醋…1 大匙
顆粒芥末醬…2 大匙
橄欖油…2 大匙
鹽、胡椒…各少許

味醂、醬油、蕃茄醬
的比例是重點。絞肉
要親手做（請參照
P13）。

〔作法〕
① 洋蔥切碎。
② 絞肉放入揉麵碗，與 A、洋蔥一起攪拌混合至出現黏性為止。
③ 放入麵包粉混合，攪拌至食材稍微能夠流動的柔軟度。
④ 將食材捏成漢堡肉排的形狀，注意不要有裂痕（如果表面有裂痕，肉汁會從裂痕處流出）。
⑤ 以小火慢煎兩面，注意不要燒焦。煎至碰到時食材沒有軟軟的為止。
⑥ 把油醋醬的材料全部混合，以橄欖油攪拌至乳化為止。可以加入從平底鍋倒出的漢堡排肉汁。

洋蔥要切厚一點
煸炒至柔軟流汁為止

起司奶油洋蔥排

〔材料〕（3 個）
洋蔥…1/2 個
鹽、胡椒…各少許
奶油…10g
起司粉…少許

〔作法〕
① 將洋蔥片切成約 1cm 的厚度備用。
② 將橄欖油倒入平底鍋，以小火慢煎。煎至金色焦黃出現，撒上鹽、胡椒，加入奶油。
③ 撒上起司粉。

手工味噌肉醬

〔材料〕（2～3 人份）
洋蔥…1/4 個（或是切碎
的白蔥…1/3 根）
豬絞肉…160g
蒜頭…2 瓣
生薑…1/3 截
豆瓣醬…1 小匙～
五香粉…少許
A 醬油…2 大匙
　 味噌…1 大匙
　 砂糖…1 大匙
　 酒…1 大匙
　 蕃茄醬…1 大匙
　 味醂…1 大匙
　 蠔油…1 大匙

〔作法〕
① 將洋蔥、蒜頭、生薑
　 切碎備用。
② 事先把 A 材料在揉麵
　 碗中混合。
③ 平底鍋倒入橄欖油加
　 熱，倒入多一點芝麻
　 油（這是不屬於上述
　 材料中的），再放入
　 豆瓣醬。整體加熱過
　 後，加入洋蔥、生薑、
　 蒜頭拌炒。
④ 全部熟了以後，加入
　 絞肉。
⑤ 放入②，加入五香粉。

point!
味噌肉醬也可以用來炒麵或蔬菜。若想調整辛辣度時，可
以用豆瓣醬的量來調整。

Nikumiso

祕訣在此！

五香粉是不可或缺
的！因為其中含有山
椒，所以用五香粉一
下就能做出道地的中
國味。豆腐的話，推
薦用嫩豆腐。

Lotta 人氣菜單 No.1
用五香粉就可以一口氣做出道地中國味

Lotta
SELECT
No.1
人氣菜單

祕傳♡麻婆豆腐

〔材料〕（約 3 人份）
手工味噌肉醬…上述做的量
嫩豆腐…1 又 1/2 塊
勾芡（水…1 大匙＋日式太白粉…1 小匙）
芝麻油…適量
醋…適量

〔作法〕
① 將豆腐切成 2cm 方塊大小，汆燙後備用。
② 味噌肉醬與豆腐加入鍋中，輕輕混合（水分太少的話，加入汆燙豆腐的熱湯）。
③ 混合均勻後，煮大約 5 分鐘。
④ 最後澆上一些芝麻油、醋和勾芡後就完成了。

point!
如果沒有嫩豆腐，用凍豆腐、板豆腐等其他任何豆腐都
可以。可以嘗試一下不同的口感。

不用壓力鍋就能縮短燉煮的時間
以湯汁煮的飯也別具風味

祕傳♡滷肉

〔材料〕（3 人份）

豬五花肉塊…400g

A 酒…3 大匙
　 水…3 杯～
　 醬油…3 大匙
　 砂糖…3 大匙
　 鹽…一小撮
　 紅辣椒…1 根

青蔥…1 根
生薑…1/2 截
白煮蛋…3 個

〔作法〕

① 敲打一下豬肉後，切成約 3cm 方塊大小。

② 青蔥隨意切段，再將生薑切薄片備用。

③ 將豬肉塊放在平底鍋中，倒入芝麻油煎約 5 分鐘，至表面金黃色為止。

④ 在較深的鍋子裡放入豬肉、A、青蔥、生薑，煮至沸騰；然後加入白煮蛋，上蓋燉煮 1 小時以上。

祕訣在此！

先煎一下豬五花肉塊的表面後再燉煮——這是縮短燉煮時間的技巧，不用壓力鍋也能輕鬆地做出這道料理。

point!

在煮飯時加入滷肉的湯汁，可以煮出有豬肉與豬油渾厚香甜味的米飯！

專欄3 瘦不了 3 原則

1. 腸胃不好瘦不了

便祕是減肥的天敵。事實上，體內毒素的 75％是從糞便排出的。毒素累積在身體內的話，會有血液混濁、流速減緩，手腳容易冰冷、代謝能力變差等可能。我都跟學生們說，每天蹲廁所 30 分鐘吧！就算是便祕的人，坐 30 分鐘的馬桶也會排出來的。我自己是不管多忙，都會抽出大約 1 小時坐馬桶；也可以利用發酵食品、優格等也不錯，不過如果不合自己的體質就不會有效。事實上，最合日本人體質的食物，就是日本自古至今的發酵食品，例如味噌或是麴，就具有增加腸內好菌的效果。大家可以多方嘗試，找出適合自己的方法或食材是很重要的。

2. 沒蛋白質瘦不了

「我在減肥。」一邊這麼說，一邊只吃飯糰跟沙拉的人，反而會胖。肉或魚等所含有的蛋白質是製造肌肉的材料，也是燃燒脂肪所必需的原料；鮪魚、鯖魚、沙丁魚等魚類更是不用說。雞胸肉、雞里肌、牛後腿肉、牛胸腹肉、豬後腿肉、豬胸腹肉等肉類也要攝取。不論其他，肉真的很好吃啊！難吃的三餐無法帶來飽足感，會成為吃過頭或是吃零食的原因。另外，不吃碳水化合物（糖分）的確能瘦，但糖分不足會容易疲倦、精神也不易集中，所以還是要好好吃飯才行。

3. 吃難吃的東西瘦不了

在 Lotta，我一定會叫大家「吃好吃的飯」！吃好吃的的食物會刺激自律神經、提高熱量的代謝（＝容易瘦），這是已經過證實的。在某個對照實驗中，給 A 組的是保持漢堡形狀的漢堡；給 B 組的是用攪拌器攪過、看不出漢堡原形的食物，而 A 組的熱量代謝率比 B 組居然高出 3 成之多。因此 Lotta 的座右銘是「愈吃愈美麗」。而除了食物本身的賣相之外，進食的空間也是「享用美食」的重點。

Cooking Studio 「Lotta」

Lotta 裡有許多不同年齡層的女性。對於這些女士,與其說我是在「教」她們,不如說我有很多話想「傳達」給她們。不只是料理而已,我也想介紹 Lotta 關於衣食住方面的思想給大家。

關於我們的教室

大家都說 Lotta 的學生們是美人,
因為我們的座右銘是「愈吃愈美麗」。

我最常對學生們說的話是「要變漂亮就不能累積壓力」。生活中若是有壓力,就會分泌「胰島素」與「皮質醇」等不好的荷爾蒙。我都叫這些荷爾蒙為「醜女荷爾蒙」(笑)。胰島素會促進糖分攝取,使多餘的糖分轉變為脂肪;而皮質醇則會使過敏惡化,並與癌症的發生有關係,可說是兩大老化荷爾蒙。也就是說,有壓力的人是不會漂亮的。對自己沒有自信或是討厭自己的人也會分泌「醜女荷爾蒙」。

反過來說,分泌好的荷爾蒙時,就是「感到幸福的時候」。此時會分泌雌激素這種回春荷爾蒙;它會促進膠原蛋白生成、保持頭髮肌膚的光澤與彈性。談戀愛時特別有女人味,也是這種荷爾蒙的關係。但是在日常生活中,會感到「好幸福」的時刻不會那麼多,但是吃到好吃的東西時,是不是會感到幸福呢?而且一年 365 天,每天都會吃 3 餐喔!說它是在我們人生中進行最多次數的行為也不為過。

所以各位,我希望能傳遞給大家具有抗老效果的食譜,讓大家愈吃愈美麗、增加每天生活中的幸福!

Lotta 三原則

那就是「用在地的食材」、「不用買不到的材料」、「進食空間也要美美的」。

在 Lotta，蔬菜或米等食材都幾乎是用鳥取縣產的食材。產地相近的東西配起來比較好吃，而且新鮮的食材也較易轉換成能量。最近就連東京等大都市都能採摘蔬菜，所以是可以買到當地食材的。

另外，我不會使用在超市買不到的食材，也不會用特別的調味料，我的食譜是每天都能做的食譜。重要的是享用美食，所以除了味道之外，賣相也要好。可以用自己喜歡的器皿或桌巾，創造出美麗的餐桌。

我所愛的 Lotta 的家

Lotta 教室是一棟可愛的獨棟建築。我非常愛這個建築物，在找教室的地點時，甚至對它一見鍾情，認為「沒有地方比這裡更好！」

舊金山式的外觀配上桃花心木地板、英式地磚等，是一間既洋溢著高級感又明亮可愛的建築物；比什麼都讓我中意的是有充分日照這一點。廚房用起來順手、小巧卻又有足夠的空間。

我希望大家能夠經由 Lotta，得到在食、衣、住等各方面磨練自己外在與內在的啟發。讓大家在踏進 Lotta 的瞬間就覺得「哇……好棒」——我的夢想是使 Lotta 成為這樣一個令人憧憬的空間。為了讓室內裝潢、器皿、料理，都能成為「大家想要的生活」範本，我從空間設計就開始思考了。

我希望能讓更多人從 Lotta 接觸到更上一層的生活方式，並把它帶回自己的生活中。

關於器皿與打扮

我可愛的器皿們

　　器皿會左右料理的味道。因為 Lotta 也會說到餐桌搭配，所以有相當多的器皿，但其實我本來就很愛器皿，可以說它是我的興趣。

　　選擇器皿時，我重視賣相，順不順手在其次；因為喜歡的器皿會常常使用，所以自然會變得順手，並不會覺得不好用。

　　不管是日式或是西式器皿，我都會收集；可以大致分為「美國」、「歐洲」、「手工藝」這三類。每一種我都很喜歡，但是登場頻率最高的是美國的「Anthropologie」，這個牌子連計量杯和計量勺都可愛地不得了，用它們來做料理真的會心情愉快！

這些全部都是 Anthropologie 的，與其說它賣的是品牌，不如說是表達生活態度的精品店，在美國的名流之間很受歡迎。我現在是經由網路購入，但直接到當地的店面購買是我的夢想。

　　歐洲系的話，還是「Le Creuset」比較常用。熱傳導及耐久性都在製作時考慮進去，與瓦斯爐是絕配。盅是最有名的，但杯盤等也可以放進微波爐或烤箱，是很棒的產品。還有北歐的器皿，我則是較常用「DANSK」或「ARABIA」。

　　最近我還常請手工藝者為 Lotta 製作原創器皿；例如島根的「湯町窯」或是「出西窯」等，日本的山陰地方有很多有名的製陶之地，我很喜歡直接造訪那些地方，告訴作者我想要的感覺，請他們為我製作我喜歡的器皿。現在標有 Lotta 標誌的器皿也在增加當中。

歐洲系列。中間是 ARABIA，玻璃的小鉢與藍色的器皿是DANSK，其他是 Le Creuset；照片前方的心型容器可以當作砂糖罐，也可作為烤蛋糕或焗烤的容器。

我喜歡直接造訪製陶地。照片前方是湯町窯有名的烤蛋容器、中間是出西窯的器皿，比較遠的是米子的製作者JIL 為我所做的器皿，曾在 P26 登場，手繪花紋真的很棒。

漸漸學到自己要的是什麼

　　以前不管是衣服、鞋子還是包包，我都有很多。那時候買了很多便宜貨，但是後來漸漸開始覺得，這真的會讓自己滿足嗎？所以某一天，我把東西全部扔了，只留下真心喜歡的衣服鞋子。然後意外地發覺：「什麼嘛，原來我也可以這樣過生活。」我覺得好像從那個時候開始，人際關係也變得比較好，不知道是不是因為自己變得比較容易分辨出真的需要、也應該放在優先的事物？

　　現在我也只保有真的想穿的衣服鞋子；相對地，我會穿很久，5～6年的時間對我來說很常見。鞋子也是，會好好保養、使用很長的時間。因為我居住的城鎮裡有技術很好的鞋匠，所以只要買了鞋子，就會先去加強鞋底或是高跟鞋的鞋跟處，然後會注意下雨時不穿的鞋、不每天穿同一雙鞋等重點。好東西只要一個就夠，珍惜使用，壞了可以拿去修，我覺得這可以應用在生活中的每一件事上。

　　身邊若是只有喜歡的東西，心靈就自然會滿足，而不會覺得「想要」。知道自己喜歡討厭什麼、需要什麼；喜歡的話不管是便宜還是

上課時或是平時，我幾乎都是穿洋裝。因為已經找到了喜歡的品牌，所以不會再到處找尋。我都是到附近中意的店裡購買。

貴都會買；如果沒必要的話就算被推銷也不買；食物也是一樣，不喜歡的東西吃再多也不會滿足，所以會想吃更多。

　　雖然跟斷捨離不太一樣，但是如果能狠下心來丟東西，感覺比較會遇到好人或是好事；現在我身邊的人都是我喜歡的人，真的會心懷感激地覺得「別人都對我太好了」！

　　除了學生們之外，還有為我介紹工作的山陰酸素公司及其他企業。我在這個小小城鎮裡做料理、開講座、出席活動等，就是因為我想讓這些人們更加地開心快樂。

鞋子也是一樣，會持續穿喜歡的品牌。我有高跟鞋，也有方便開車的平底鞋。重要的是平時的保養。

道乃給大家的話

非常感謝大家閱讀這本食譜到最後，真的很感謝。
我到現在都還無法相信自己居然可以開料理教室，
還出版了夢想中的食譜。

料理是帶給人幸福的魔法！
這是經營料理教室時，常令我深切體會到的事。

「昨天我先生吃了之後非常高興。」
「我兒子討厭蔬菜，可是他也大口吃下去了耶！」

會讓某人露出笑容，而那個笑容又會讓別人露出笑容。
料理就是這樣具有引出幸福的能力，很棒對不對？

這本食譜就到這裡結束了，希望某天能和大家再相見。
那麼，再會了。

NOTES

NOTES

預約不到的料理教室！美人祕密食譜

予約の取れない料理教室　秘密のレシピ

作者：道乃

譯者：程永佳

系列主編：井楷涵

執行編輯：Emmy

行銷企劃：李思萱

版面構成：蔡伯廷

出　　版：泰電電業股份有限公司

地　　址：臺北市中正區博愛路七十六號八樓

電　　話：(02)2381-1180

傳　　真：(02)2314-3621

劃撥帳號：1942-3543 泰電電業股份有限公司

馥林官網：http://www.fullon.com.tw/

總 經 銷：時報文化出版企業股份有限公司

電　　話：(02)2306-6842

地　　址：桃園縣龜山鄉萬壽路二段三五一號

印　　刷：時報文化出版企業股份有限公司

■ 2017 年 9 月初版

定　　價：300 元

ＩＳＢＮ：978-986-405-040-6

國家圖書館出版品預行編目（CIP）資料

預約不到的料理教室！美人祕密食譜 / 道乃著；
程永佳譯,
--初版. --臺北市：泰電電業，2017. 09
面；　公分 -- (Play；9)
譯自：予約の取れない料理教室秘密のレシピ
ISBN　978-986-405-040-6(平裝)
1.食譜
427.1　　　　　　　　　　　　　　106004848

100台北市博愛路76號6樓

泰電電業股份有限公司

請沿虛線對摺，謝謝！

馥林文化

預約不到的料理教室！

美人祕密食譜

感謝您購買本書,請將回函卡填好寄回(免附回郵),即可不定期收到最新出版資訊及優惠通知。

1. 姓名 _____ 2. 性別 ○男 ○女

3. 生日 _____ 年 _____ 月 _____ 日

4. 地址 _____

5. E-mail _____

6. 職業 ○製造業 ○銷售業 ○金融業 ○資訊業 ○學生
　　　　○大眾傳播 ○服務業 ○軍警 ○公務員 ○教職 ○其他

7. 您從何處得知本書消息?
　　○實體書店文宣立牌: ○金石堂 ○誠品 ○其他
　　○網路活動 ○報章雜誌 ○試讀本 ○文宣品 ○廣播電視 ○親友推薦
　　○公車廣告 ○其他

8. 購書方式
　　實體書店:○金石堂 ○誠品 ○墊腳石 ○FNAC ○其他_____
　　網路書店:○金石堂 ○誠品 ○博客來 ○其他_____
　　　　　　　○傳真訂購 ○郵政劃撥 ○其他_____

9. 您對本書的評價 (請填代號1.非常滿意 2.滿意 3.普通 4.再改進)
　　書名___ 封面設計___ 版面編排___ 內容___ 文/譯筆___ 價格___

10. 您對馥林文化出版的書籍 ○經常購買 ○視主題或作者選購 ○初次購買

11. 您對我們的建議

馥林文化官網www.fullon.com.tw
服務專線(02)2381-1180轉391